AF466291

ENTRETIEN

D'UN

VIEUX NOTAIRE DE CAMPAGNE

ET D'UN CULTIVATEUR

AU SUJET

DE L'ÉCHANGE DES RENTES QUATRE ET DEMI

CONTRE DU TROIS POUR CENT.

PAR M. CUCHEVAL-CLARIGNY.

Prix : 10 centimes.

PARIS
TYPOGRAPHIE DE HENRI PLON,
IMPRIMEUR DE L'EMPEREUR,
RUE GARANCIÈRE, 8.

1862

ENTRETIEN

D'UN VIEUX NOTAIRE DE CAMPAGNE

ET

D'UN CULTIVATEUR

AU SUJET

DE L'ÉCHANGE DES RENTES QUATRE ET DEMI

CONTRE DU TROIS POUR CENT.

LE NOTAIRE.

Eh! bonjour, père Morin! Quel hasard vous amène à l'étude un autre jour qu'un jour de marché? Est-ce que vous songeriez déjà à marier une de vos filles?

LE CULTIVATEUR.

Elles sont encore trop jeunes pour cela, monsieur Lambert. C'est cependant un peu à cause d'elles que je viens vous consulter.

Il y a trois ans, les affaires marchaient; les trois ou quatre dernières récoltes s'étaient bien vendues, et j'avais des économies assez rondelettes. Je les ai placées dans le dernier emprunt du gouvernement, pour faire une dot aux petites. Or, voici qu'on dit que le gouvernement ne veut plus de rentes quatre et demi.

1862

LE NOTAIRE.

Si l'on vous a dit cela, on vous a trompé. Le gouvernement n'impose rien à personne. Si vous voulez garder vos rentes quatre et demi, vous en êtes parfaitement le maître. Ce ne sera pas de votre part un acte judicieux, mais vous êtes tout à fait libre à cet égard. Qui vous a fait ce mensonge ?

LE CULTIVATEUR.

C'est un petit homme d'affaires de la ville de ***, qui vient quelquefois dans notre canton quand il y a du grabuge dans les familles. Il a fait visite à presque tous les fermiers, disant que ceux qui avaient des rentes quatre et demi feraient bien de les vendre, et que le plus tôt serait le mieux. Il leur a offert de se charger de la vente, et il leur conseille de prendre, en place de leurs rentes, de l'emprunt du roi d'Arménie, qui leur rapportera neuf pour cent ; et surtout des actions des mines d'or d'Australie, qui donneront douze et peut-être quinze pour cent. Il y a un ou deux de mes voisins qui se sont arrangés avec lui. J'avais bien envie d'acheter de l'emprunt du roi d'Arménie, mais ma femme m'a tellement tourmenté pour que je vous demande votre avis, que j'ai pris mon bâton et suis venu vous trouver.

LE NOTAIRE.

Voilà qui prouve une fois de plus la vérité de ce que disent les Écritures, qu'une femme sensée est un trésor dans une maison. Père Morin, vous avez envie de faire une grosse sottise.

LE CULTIVATEUR.

Pourtant, le petit homme d'affaires soutient qu'il nous propose là des placements bien avantageux.

LE NOTAIRE.

Père Morin, quand, il y a deux ans, votre voisin M. Thomas, pour faire des prairies artificielles, a emprunté 10,000 francs en donnant une première hypothèque sur ses biens, ne m'avez-vous pas dit que vous regrettiez de n'avoir pas d'argent disponible pour faire cette affaire-là ?

LE CULTIVATEUR.

Je ne m'en dédis pas.

LE NOTAIRE.

Cependant, vous auriez eu à peine cinq pour cent de votre argent, et, à ce moment-là, l'escompte de la Banque était à dix.

LE CULTIVATEUR.

Songez donc, monsieur Lambert, que ce sont les plus belles terres du pays! Et un cultivateur à son aise, habile et rempli d'ordre. Avec lui, il n'y aurait eu rien à craindre, ni pour le capital, ni pour les intérêts; et c'est bien quelque chose que cette tranquillité pour un père de famille.

LE NOTAIRE.

Voilà ce que je voulais vous faire dire. Vous reconnaissez donc qu'un père de famille agit sagement en se contentant d'un intérêt modéré pour avoir une complète sécurité, et qu'un emprunteur qui offre toute espèce de garanties doit emprunter à de meilleures conditions que d'autres. Est-ce qu'il n'en est pas ainsi de tous les emprunteurs? Croyez-vous que si les affaires du roi d'Arménie allaient bien, si ses finances étaient en bon état, et si ses créanciers n'avaient rien à redouter, ni pour le remboursement du capital ni pour le service des intérêts, il ne trouverait pas à emprunter à meilleur marché que neuf pour cent? Croyez-vous surtout qu'il serait obligé d'emprunter hors de chez lui? Est-ce que le gouvernement français, quand il a un emprunt à faire, ne trouve pas en France tout l'argent dont il a besoin, et au delà? Quant à ces mines d'Australie, vous imaginez-vous que si cette affaire devait donner des résultats aussi prodigieux, les gens du pays ne se seraient pas emparés de toutes les actions? Quel moyen aurez-vous de savoir comment l'affaire sera conduite et de surveiller l'emploi de votre argent? Est-ce que vous pourrez dormir sur les deux oreilles comme aujourd'hui, où la dot de vos filles a pour hypothèque la France tout entière?

LE CULTIVATEUR.

Non, sans doute, monsieur Lambert; mais que voulez-vous? nous autres campagnards, on cherche à nous effrayer de toutes les manières. Il y a bien des imbéciles qui s'en vont disant que le gouvernement ne veut plus donner que trois pour cent de l'argent qu'on lui a prêté, et qu'il va retenir le reste. Je sais bien que c'est une bourde ; que le gouvernement n'a pas envie de manquer à ses engagements, et qu'il ne le pourrait pas quand il le voudrait. Mais il n'en est pas moins dur pour de pauvres gens d'avoir à déplacer leur argent ou à payer quelque chose pour conserver le même revenu, et je trouve que le gouvernement aurait bien pu nous laisser tranquilles.

LE NOTAIRE.

Père Morin, vous manquez de mémoire. Est-ce que vous auriez oublié ce que je vous ai dit quand vous avez souscrit au dernier emprunt?

LE CULTIVATEUR.

Vous m'avez dit que je ferais mieux de prendre du trois que du quatre et demi; mais puisque le quatre et demi était meilleur marché que l'autre, j'ai pensé que je serais bien sot de n'en pas prendre, de préférence.

LE NOTAIRE.

Je vous disais : Père Morin, vous vous laissez tenter parce que le quatre et demi est un peu moins cher que le trois, et que vous aurez ainsi un intérêt un peu plus fort; et vous ne songez pas qu'il doit y avoir une raison à cette inégalité de prix. La raison, c'est qu'en prenant du trois, on a plus de chance de voir sa rente monter et par conséquent son capital s'accroître, et surtout parce qu'on n'a pas à redouter le remboursement. Dans trois ans, au contraire, le 22 mars 1862, expirent les dix années pendant lesquelles le gouvernement s'est engagé à ne pas convertir les rentes quatre et demi; sitôt que ce délai sera expiré et que le quatre et demi se rapprochera de cent francs, vous serez exposé à ce que le gouvernement cherche à convertir le quatre et demi en quatre, comme il a déjà converti le cinq en quatre et demi. En prenant du trois, vous n'auriez rien de semblable à craindre.

Voilà ce que je vous disais. Aujourd'hui, l'époque fatale arrive à grands pas, et vous reprochez au gouvernement de troubler une tranquillité que vous n'auriez jamais dû avoir. Si vous avez été tranquille, c'est que vous avez fait comme le lièvre qui ferme les yeux au danger. Vous n'avez pas voulu regarder le calendrier, qui vous aurait rappelé que, tous les jours, le 22 mars 1862 était plus proche de vingt-quatre heures.

LE CULTIVATEUR.

Il y a du vrai dans ce que vous dites; mais les malins disaient : Quand le gouvernement a converti le cinq en quatre et demi, il a réduit l'intérêt d'un dixième seulement. Pour convertir le quatre et demi en quatre, il faudrait réduire l'intérêt d'un neuvième, et le gouvernement ne voudra pas d'une mesure qui frapperait si rudement tant de gens.

LE NOTAIRE.

Père Morin, s'il y a beaucoup de gens à toucher des rentes quatre et demi, c'est tout le monde qui les paye; et le gouvernement doit faire passer les intérêts de tout le monde avant ceux de quelques-uns. Il serait dur sans doute pour un rentier de perdre le neuvième de son revenu. C'est pour cela que tous les porteurs de quatre et demi devraient être pleins de reconnaissance pour le gouvernement, qui les prévient loyalement et qui leur dit : « Dans quelques jours, je recouvrerai le droit de convertir le quatre et demi en quatre pour cent; mon devoir, qui est de réduire les charges des contribuables, m'ordonne d'user de mon droit à la première occasion. Je vous avertis que j'en userai, afin que vous preniez vos précautions. »

Le gouvernement ne s'en tient pas là; il ajoute : « Si vous voulez vous mettre à l'abri d'une réduction et acquérir la certitude de conserver votre revenu intact, je vous offre d'échanger votre revenu en quatre et demi contre le même revenu en trois, rente pour rente. »

LE CULTIVATEUR.

Pourquoi le gouvernement ne nous donnerait-il pas tout bonnement du trois en place de quatre et demi, sans nous rien demander?

LE NOTAIRE.

Père Morin, quand vous avez vendu au meunier votre première qualité de blé deux francs plus cher que la seconde, vous n'oseriez pas lui proposer de reprendre cette première qualité au prix de la seconde. Vous seriez le premier à le traiter de niais, s'il acceptait votre proposition. C'est là, cependant, ce que vous demandez au gouvernement.

Quand vous avez souscrit au dernier emprunt, vous avez trouvé avantageux de payer le quatre et demi moins cher que le trois, et de vous assurer le même revenu en déboursant une somme moins forte que si vous aviez pris du trois. Aujourd'hui vous voudriez que le gouvernement vous passât la première qualité de rentes au prix de la seconde. Est-ce raisonnable et juste, et le gouvernement défendrait-il bien les intérêts des contribuables en accédant à votre demande? Cependant, c'est ce qu'il fait dans une certaine mesure, puisqu'il vous fait remise d'une partie de ce qu'il aurait droit d'exiger, et qu'il vous assure ainsi un bénéfice.

LE CULTIVATEUR.

C'est là ce que je ne saisis pas bien. Pour continuer à toucher le même revenu, il faut que je donne une certaine somme au gouvernement. Qu'est-ce que je puis gagner à débourser cette somme, si je ne dois pas recevoir plus qu'aujourd'hui?

LE NOTAIRE.

C'est ce que je vais essayer de vous faire comprendre. Quand le gouvernement emprunte en quatre et demi, il s'oblige à ne pas rembourser au-dessous de 100 francs chaque titre de 4 fr. 50 c. de rente qu'il délivre à ses prêteurs. Quand il emprunte en trois pour cent, il s'engage également à ne pas rembourser au-dessous de 100 francs chaque titre de rente de trois francs.

Le gouvernement vous propose d'échanger vos titres quatre et demi contre des titres trois pour cent, rente pour rente. Pour chaque titre rapportant 4 fr. 50 c. et remboursable à 100 francs, il vous donnera un titre rapportant trois francs et remboursable également à 100 francs, plus la moitié d'un titre semblable. Vous recevrez toujours 4 fr. 50 c. de rentes; seulement, au lieu d'un titre unique remboursable à 100 francs, vous en aurez deux remboursables ensemble à 150 francs.

LE CULTIVATEUR.

Ce serait un avantage si je pouvais exiger le remboursement, mais vous savez que les rentiers ne le peuvent pas.

LE NOTAIRE.

Vous ne pouvez pas exiger le remboursement, mais vous pouvez vendre vos titres à la Bourse. Or, il y a quelques jours, le quatre et demi était à 97 et le trois à 70. Cela veut dire que si, ce jour-là, vous aviez porté à la Bourse un titre de 4 fr. 50 c., on vous l'aurait payé 97 francs, et que la même rente en trois vous aurait été achetée 70 francs, plus la moitié de 70 ou 105 francs. Un même revenu de 4 fr. 50 c. valait donc à la Bourse 97 francs quand il représentait un titre remboursable à 100 francs, et 105 francs, ou 8 francs de plus, quand il représentait deux titres remboursables ensemble à 150 francs.

En vous offrant d'échanger votre quatre et demi contre du trois, rente pour rente, le gouvernement offre donc de vous donner une valeur supérieure à celle que vous avez. Ce qui le prouve, ce n'est pas seulement qu'une rente en trois pour cent s'est toujours vendue plus cher à la

Bourse que la même rente en quatre et demi ; c'est que dans les derniers emprunts, quand les souscripteurs avaient le choix, les rentes trois ont été payées plus cher que les quatre et demi.

En réalité, le gouvernement ne fait que vous demander aujourd'hui ce que vous lui auriez versé en plus, si dans les derniers emprunts vous aviez pris du trois au lieu de prendre du quatre et demi. Et comme le gouvernement, qui pourrait, au cours moyen de la Bourse dans ces derniers temps, vous demander un supplément de prix de 8 francs pour 4 fr. 50 c. de rente, de 800 francs pour une rente de 450 francs, de 8 000 francs pour une rente de 4 500 fr., annonce qu'il ne vous demandera qu'une portion de ce prix, je dis que les rentiers feront une bonne affaire en acceptant ses offres.

LE CULTIVATEUR.

Je comprends qu'il peut y avoir un avantage assez notable pour ceux qui n'ont des rentes que pour les revendre ; mais moi je n'ai nulle envie de vendre les miennes.

LE NOTAIRE.

C'est précisément pour ceux qui comptent garder leurs rentes que l'opération sera avantageuse. Combien avez-vous de rentes ?

LE CULTIVATEUR.

Trois mille francs ; ce sont les épargnes de toute ma vie, c'est la dot de mes deux filles qui sont encore jeunettes, et je m'étais bien promis de n'y pas toucher si je pouvais.

LE NOTAIRE.

Vos 3 000 francs ont dû vous coûter environ 62 000 fr. de capital ; vous auriez beau les garder indéfiniment, ils ne peuvent jamais valoir plus de 66 000 francs. Pour qu'ils valussent 67 000 francs, il faudrait que le quatre et demi fût à 101. Or, vous devez comprendre que si le quatre et demi était à 101, l'État, qui a le droit de le rembourser à 100, ne manquerait pas de profiter de cette faculté.

Ainsi, quoi qu'il arrive, vos rentes ne représenteront jamais un capital supérieur à 66 000 francs. Et plus la prospérité publique serait grande, plus le quatre et demi tendrait à dépasser le pair, et plus vous seriez exposé à voir votre revenu réduit de quatre et demi à quatre pour cent. Voyons maintenant ce qui se passera après la conversion qu'on vous offre aujourd'hui.

J'évalue vos quatre et demi à leur maximum, à 66,000 fr. L'État pourrait vous demander un supplément de prix de 5 à 6,000 fr., mais il n'est pas probable qu'il vous demande plus de 4,000 fr.

Vous avez donc 3,000 fr. de rentes trois pour cent qui vous auront coûté 70,000 fr. Chaque fois que le trois montera d'un franc au-dessus de 70, votre capital s'augmentera de 1,000 fr. Vous ne me demanderez pas, j'espère, s'il est possible que le trois dépasse le cours de 70 fr., car je ferais ici appel à votre bonne foi, et je vous dirais : Consultez les cours de la Bourse depuis dix ans; n'avez-vous pas vu le trois pour cent à 83 en 1845, et ne l'avez-vous pas revu à 86 en 1852? Croyez-vous que nous aurons toujours à la fois, comme en 1861, une guerre civile aux États-Unis, une mauvaise récolte en France, et une crise industrielle en Angleterre? Le jour où le trois pour cent serait à 74, comme au plus fort de la guerre de Crimée, vous auriez regagné ce qu'il va vous falloir payer au gouvernement; et, s'il vient à 80, quand vous marierez vos filles, vous leur donnerez 40,000 fr. de dot, au lieu de 31,000 que vous aviez destinés à cet emploi.

Vous qui êtes un père de famille prévoyant et sensé,

croyez-vous que la sécurité absolue contre une diminution de votre revenu, et la chance d'un accroissement notable de votre capital, soient achetées trop cher au prix d'un léger sacrifice ?

LE CULTIVATEUR.

Je commence à voir le bon côté de l'opération, mais il reste toujours le mauvais côté, ce sont les 4,000 fr. qu'il me faudra verser. Tout le monde n'a pas d'argent mignon, et s'il faut emprunter, ce sera bien dur.

LE NOTAIRE.

Vous n'aurez besoin d'emprunter qu'à vous-même. On ne vous demandera pas la somme tout entière et d'un seul coup. Ce que vous aurez à verser représentera probablement entre quinze et dix-huit mois d'intérêts ; il vous suffira donc, pour vous libérer, d'abandonner tout ou partie des intérêts pendant un certain temps, puis vous rentrerez dans la jouissance de la totalité de votre revenu.

LE CULTIVATEUR.

Bien ; mais que feront ceux qui n'ont pas les moyens de faire cet abandon ? Voilà notre hospice, par exemple, qui ne joindrait pas les deux bouts sans les 4,500 fr. de rente qu'il possède en quatre et demi ; c'est même cette gêne qui l'empêche de vendre sa rente pour se procurer 70,000 fr. dont il aurait besoin pour des constructions indispensables.

LE NOTAIRE.

Les hospices, les établissements de bienfaisance et autres institutions du même genre, ne peuvent pas disposer de leurs rentes sans l'autorisation du gouvernement. Ces rentes sont ce que nous appelons, nous autres notaires, des immeubles par destination. Elles forment un gage qui ne peut disparaître et qui présente les mêmes garanties que les biens-fonds. Or, nous avons en France une institution, le Crédit foncier qui a pour spécialité de prêter sur les biens-fonds, et qui peut avancer aux hospices et aux établissements de bienfaisance les sommes dont ils auraient besoin, en leur demandant, en-sus de l'intérêt annuel, un petit supplément d'intérêt destiné à amortir le capital en un certain nombre d'années. Votre hospice, par exemple, aura environ 6,000 fr. à verser; le Crédit foncier les versera pour lui, et il lui demandera 360 ou 400 fr. d'intérêts, suivant que l'hospice voudra éteindre sa dette en quarante ou en cinquante années.

LE CULTIVATEUR.

Je comprends que ce sera une grande facilité pour l'hospice, mais il n'en est pas moins vrai que l'hospice touchera en moins ces 360 ou ces 400 fr.

LE NOTAIRE.

Cela n'est pas tout à fait exact. Comme l'hospice touchera ses rentes tous les trois mois au lieu de les attendre six mois, il en résultera une petite bonification d'intérêts dont un économe soigneux tiendra compte.

Ensuite cette retenue ne sera que temporaire. Au bout de quarante ou cinquante ans, l'hospice recouvrera la jouissance complète de son revenu, et il aura acquis la certitude que ce revenu ne pourra plus être diminué. C'est bien quelque chose que cette sécurité. Savez-vous que dans ces cinquante dernières années l'Angleterre a ramené une partie de sa dette de cinq pour cent à trois? Or il suffirait que d'ici à cinquante ans le gouvernement français réduisît simplement le quatre et demi en quatre, pour que l'hospice perdît, à toujours, 500 fr. de revenu, au lieu de 360 ou de

400 que le Crédit foncier lui retiendra pendant un certain nombre d'années.

En outre, le raisonnement que je faisais pour la dot de vos filles s'applique tout aussi bien à votre hospice. Si les administrateurs avaient voulu se procurer, au 1er janvier dernier, les 70,000 fr. dont vous dites qu'ils ont besoin pour des constructions, il leur aurait fallu vendre environ 3,500 fr. de rentes quatre et demi. Si, un an ou deux après la conversion, le trois monte seulement à 75, en vendant 3,000 francs de rentes, ils auront les 70,000 fr. dont ils ont besoin, plus 5,000 fr., c'est-à-dire à peu près ce qu'ils vont emprunter au Crédit foncier, et il leur restera 1,500 francs de rentes claires et nettes.

LE CULTIVATEUR.

Je vois bien comment les hospices se tireront d'affaire; mais comment feront les pauvres gens qui n'ont point d'argent disponible, et qui ne peuvent, comme les établissements publics, s'adresser au Crédit foncier? Ce sont eux qui pâtiront pour les autres.

LE NOTAIRE.

Soyez tranquille, père Morin; s'il est des situations dont l'Empereur se préoccupe, ce sont celles auxquelles vous faites allusion; soyez sûr que s'il a laissé présenter la loi c'est qu'on a trouvé moyen de sauvegarder les intérêts des petits rentiers aussi bien que des plus aisés.

LE CULTIVATEUR.

Comment croyez-vous qu'on y parviendra?

LE NOTAIRE.

Je suppose que, par petits rentiers, vous n'entendez pas ceux pour lesquels les caisses d'épargne ont pu acheter de temps en temps des titres de 10 francs de rente. Ceux-là n'auront qu'à porter leur titre avec leur livret à la Caisse d'épargne, et leurs petites affaires seront arrangées sans qu'ils aient à s'en occuper.

LE CULTIVATEUR.

Non, je parle de ceux qui n'ont pour vivre qu'une rente sur l'État, et qui ne pourraient abandonner même un trimestre sans se condamner à la gêne.

LE NOTAIRE.

Père Morin, vous avez un voisin, le vieux Michel, dont le fils est tombé l'an passé à la conscription. Le père Michel n'est pas à son aise, il s'en faut. Comment se fait-il pourtant qu'il ait pu racheter son fils ?

LE CULTIVATEUR.

Vous le savez mieux que moi, monsieur Lambert. D'après votre conseil, il avait assuré son fils, encore tout petit, à une compagnie d'assurances sur la vie qui devait lui compter 2,500 francs quand son garçon aurait vingt ans. C'est avec cet argent-là qu'il l'a racheté.

LE NOTAIRE.

Cela est vrai, père Morin. Michel aurait été hors d'état de verser d'un seul coup une somme aussi forte que 2,500 francs ; mais il a pu, sans trop se gêner, payer tous les ans une petite somme à une compagnie d'assurances qui s'est chargée de faire à sa place, et en une seule fois, ce gros versement. Pourquoi le moyen qui a tiré Michel d'embarras n'en tirerait-il pas aussi un petit rentier ? La difficulté est la même, c'est l'impossibilité de verser d'un seul coup une somme un peu élevée. Sans parler des compagnies d'assurances, il ne manque pas en France d'établissements de crédit qui se chargeront d'avancer au rentier, contre dépôt de son titre, la somme dont il aura besoin. Ces établissements lui payeront tous les trois mois son revenu, sauf une retenue destinée à amortir l'avance qui aura été faite.

Au bout d'un certain temps, le rentier se trouvera libéré; non-seulement il touchera son revenu intégralement, mais il sera certain de ne le jamais voir diminuer, et il aura la chance de voir son capital s'accroître avec l'essor des fonds publics. Comme vous, comme votre hospice, comme tout le monde, il aura fait, en fin de compte, une bonne affaire.

LE CULTIVATEUR.

Mais si tout le monde fait une bonne affaire, le gouvernement en doit nécessairement faire une mauvaise, car il faut bien que quelqu'un y perde.

LE NOTAIRE.

Père Morin, quand vous avez vendu au meunier de bon blé pour un bon prix, croyez-vous qu'il y perde plus que vous? Vous avez fait tous les deux une bonne affaire.

Le gouvernement, d'ailleurs, c'est tout le monde, et aucun des grands intérêts du pays ne peut prospérer sans que l'État, qui est le représentant de tous, y trouve son compte.

Les petites sommes que vous et les autres rentiers allez verser au Trésor, représenteront par leur réunion une grosse somme : cent cinquante millions, et peut-être deux cents, que l'État consacrera à réduire ses engagements. Si le gouvernement, comme quelques spéculateurs le lui conseillaient, s'était procuré cet argent par un emprunt, il aurait dû en payer l'intérêt. Il ne payera point d'intérêt pour celui qu'il va toucher, et ce sera une économie d'autant plus précieuse qu'elle se renouvellera tous les ans.

Mais ce n'est là que le petit côté de l'opération; le grand avantage qu'elle procurera, ce sera l'unification de la dette.

LE CULTIVATEUR.

J'entends en effet souvent prononcer ce mot d'unification de la dette sans le comprendre, et je vous serais très-obligé de m'expliquer de quelle importance il peut être pour le gouvernement de n'avoir plus en France que du trois, au lieu d'avoir, comme aujourd'hui, du trois et du quatre et demi ensemble.

LE NOTAIRE.

Vous avez compris, père Morin, pourquoi vos trois mille francs de rente ne peuvent jamais valoir, au maximum, plus de 66,000 francs. Sitôt que le quatre et demi vaudrait plus de cent francs, l'État userait de son droit de le rembourser à cent. Sitôt donc qu'il atteint le pair, l'appréhension du remboursement le fait redescendre un peu au-dessous de cent francs.

Les gens prévoyants qui prennent du trois pour être à l'abri du remboursement, consentent à payer ce fonds un peu plus cher en échange de cette sécurité, et à recevoir par conséquent un intérêt un peu moindre, mais il y a à cela une limite. La différence d'intérêt entre ces deux fonds est assez souvent d'un quart pour cent; si elle devenait plus considérable, si elle atteignait un demi pour cent, et il suffirait pour cela que le trois montât de quelques francs, beaucoup de gens feraient le raisonnement que vous avez fait en souscrivant au dernier emprunt. Ils se diraient : Je suis bien sot de ne retirer que quatre pour cent de mon argent, lorsque je puis en avoir quatre et demi sans quitter les fonds publics. Ces gens-là se hâteraient de vendre leur trois, et par l'effet de ces ventes, ce fonds redescendrait jusqu'à ce que son revenu se fût nivelé avec celui du quatre et demi.

Ainsi donc, le quatre et demi ne peut pas monter au-dessus de 100 francs, à cause de la crainte du remboursement, et, par contre-coup, il empêche également le trois de monter, parce que personne ne veut plus acheter de trois dès que ce fonds donne un revenu sensiblement inférieur à celui du quatre et demi, qui jouit également des priviléges attachés aux rentes sur l'État.

LE CULTIVATEUR.

C'est l'histoire du sabot que je mets à ma charrette quand il faut descendre une pente : la roue de droite a beau tourner, elle ne peut aller plus vite que la roue de gauche, dont la marche est arrêtée.

LE NOTAIRE.

Précisément. Après la conversion, au contraire, lorsqu'il n'y aura plus que du trois pour cent, la hausse des fonds publics ne rencontrera plus cet obstacle qui détruisait l'effet des circonstances les plus favorables. Les rentes monteront d'autant plus aisément qu'il existe pour elles une cause permanente de hausse dont l'action était paralysée jusqu'ici, et qui recouvrera toute son efficacité. Ce sont les disposition s légales qui obligent à placer en rentes sur l'État les fonds disponibles de certains établissements ou de certaines institutions, les remplois de dots, les fonds des mineurs. Tout cet argent représente chaque année une somme assez considérable, qui doit s'immobiliser en rentes, et qui tend à en diminuer graduellement la masse disponible.

Or, le jour où le trois sera à 75 francs, il ne représentera plus que de l'argent à quatre pour cent; à 81 francs, que de l'argent à trois trois quarts. Je n'ai pas besoin de vous démontrer que si l'État avait besoin d'argent, il serait plus avantageux pour lui d'emprunter à trois trois quarts qu'à quatre et demi pour cent.

LE CULTIVATEUR.

Parbleu ! ce serait une économie annuelle de 1,500,000 fr. pour un emprunt de 200 millions.

LE NOTAIRE.

J'espère bien que nous n'aurons pas besoin d'un emprunt d'ici longtemps. Aussi n'est-ce pas cette économie éventuelle, tout importante qu'elle serait, que je voulais vous signaler. Le crédit de tout le monde se règle sur le crédit de l'État. Les grandes associations financières, les compagnies de chemins de fer, empruntent à un taux plus élevé que l'État; les banquiers et les propriétaires fonciers payent l'argent plus cher que les compagnies, et les industriels payent plus cher encore. Quand l'État sera en mesure d'emprunter à de meilleures conditions, sans même qu'il ait besoin d'user de cet avantage, le taux de l'argent sera moins élevé pour tout le monde. L'industriel qui se procurera à des conditions moins onéreuses les capitaux dont il aura besoin, aura une marge de bénéfices plus grande : il pourra vendre ses produits moins cher, et surtout mieux payer ses ouvriers. Voilà comment tout se tient dans un pays, et comment il est avantageux pour tout le monde que la rente puisse monter librement, puisque c'est le cours des fonds publics qui sert de règle au loyer de l'argent.

LE CULTIVATEUR.

Je comprends maintenant de quelle importance il est, pour le gouvernement et pour tout le monde, de n'avoir plus qu'une seule espèce de rentes, mais cet avantage n'est-il pas acheté un peu cher? Notre hospice a 4,500 francs de rentes; le gouvernement pourrait se libérer aujourd'hui envers lui avec 100,000 fr. Après la conversion, si je vous ai bien compris, il ne le pourra plus qu'en remboursant à l'hospice 150,000 fr.

LE NOTAIRE.

Vous avez raison.

LE CULTIVATEUR.

Il en sera de même pour tous les rentiers qui prendront du trois au lieu de leur quatre et demi.

LE NOTAIRE.

Sans aucun doute.

LE CULTIVATEUR.

Mais cela va augmenter d'une bien grosse somme la dette du gouvernement.

LE NOTAIRE.

Père Morin, il ne faut pas raisonner pour le gouvernement comme pour les particuliers. Vous savez bien que les plus longs placements pour les particuliers ne dépassent pas, l'un dans l'autre, vingt ou vingt-cinq ans. Les événements imprévus, les accidents ou la mort, amènent toujours dans cet intervalle de vingt années un règlement de comptes. Un père de famille prévoyant s'arrange toujours pour laisser après lui une situation liquide qui évite aux siens des procès. Il vaut mieux pour un particulier payer un intérêt un peu plus fort et se saigner un peu, pour éteindre promptement le capital de sa dette, que de s'exposer à léguer des embarras et des pertes à ses enfants.

Voilà Thomas qui a emprunté 10,000 fr. : il a bien fait de les emprunter à cinq, ce qui lui coûte 500 fr. par an. Si son prêteur lui avait dit : Voilà vos 10,000 fr., souscrivez-moi une obligation de 12,500 fr., et je ne vous demanderai que 400 fr. d'intérêt votre vie durant, j'aurais dissuadé

Thomas d'accepter cette proposition, quoiqu'elle lui procurât une économie de 100 fr. tous les ans. Je lui aurais dit : S'il vous arrive un malheur, votre succession sera obligée de rembourser plus que vous n'avez reçu.

Mais l'État ne meurt pas, père Morin, et il ne peut pas être contraint au remboursement. Il ne doit donc pas raisonner comme les particuliers, et il doit chercher avant tout à payer le plus faible intérêt possible.

LE CULTIVATEUR.

Il ne se peut pas, cependant, que l'État ait avantage à reconnaître qu'il doit plus qu'il ne reçoit réellement.

LE NOTAIRE.

Si vraiment, et vous allez le comprendre. Quand l'État emprunte de l'argent à quatre pour cent au lieu de cinq, ce qui arrive quand il vous donne du trois à 75 fr., il reconnaît vous devoir 10,000 fr., quoique vous ne lui donniez que 7,500 fr., mais il n'a à vous payer pour les intérêts que 300 fr. au lieu de 375 que lui coûteraient 7,500 fr. empruntés à cinq; et il économise tous les ans 75 fr. Vous pensez bien que ces 75 fr. ne restent pas improductifs entre ses mains; et au bout d'un certain nombre d'années, non-seulement cette économie annuelle de 75 fr. compense pour l'État les 2,500 fr. qu'il a reconnu vous devoir en sus de ce qu'il a réellement reçu, mais elle finirait par amortir le capital même de la dette.

Demandez à votre magister en combien d'années une économie annuelle de 75 fr., avec les intérêts composés, amortit une somme de 2,500 fr. et une somme de 10,000. C'est un calcul qu'il vous fera en deux minutes.

Un particulier ne peut pas raisonner comme l'État, parce qu'il doit toujours prévoir que la nécessité du remboursement se présentera dans un nombre limité d'années.

LE CULTIVATEUR.

Il n'en est pas moins vrai que si l'occasion du remboursement se présentait, l'État ne pourrait pas en profiter, ou bien il serait obligé de payer en sus ce qu'il va ajouter au capital de la dette.

LE NOTAIRE.

Pour qu'il pût être question du remboursement de la dette, il faudrait d'abord que le trois fût à 100 francs et même au-dessus. Il faudrait donc que le trois montât de près de 30 francs, et ce n'est pas l'affaire d'un jour. Plût au ciel, du reste, que cette éventualité pût se réaliser dans un avenir prochain; elle n'amènerait pour l'État que l'embarras des richesses. Songez donc que si le trois était à 100 francs, la fortune de tous les porteurs de rentes se trouverait accrue de quarante pour cent; l'aisance générale aurait progressé au moins dans la même proportion, et un milliard ou deux de plus ne serait point un fardeau pour une France aussi riche et aussi prospère.

L'État d'ailleurs ne remboursera jamais qu'autant qu'il y verra un avantage.

LE CULTIVATEUR.

Est-ce qu'on n'y trouve pas toujours son compte? D'où vient que l'on dit que qui paye ses dettes s'enrichit?

LE NOTAIRE.

Avez-vous approuvé Thomas d'emprunter 10,000 francs?

LE CULTIVATEUR.

Parbleu. Au prix où sont les foins, les prairies artificielles qu'il va faire ajouteront peut-être 1,000 francs au rendement de ses terres. Avec ce produit-là, il ne sera pas embarrassé d'éteindre sa dette, capital et intérêts, et il aura augmenté son revenu. C'est une très-bonne affaire.

LE NOTAIRE.

L'État serait tout aussi bon calculateur que votre voisin, si, pouvant disposer, je suppose, d'un milliard, au lieu d'employer cet argent à diminuer de 30 millions les charges annuelles de la dette, il le consacrait à des travaux qui auraient pour dernier résultat d'augmenter de 200 ou 300 millions le revenu général du pays. Vous oubliez toujours que l'État, c'est tout le monde. Quand vous faites vos comptes à la fin de l'année, ce qui vous préoccupe, c'est moins ce que vous avez dépensé que ce qui vous reste après les dépenses payées; et vous ne regrettez pas les frais de labour et d'engrais quand la récolte a été plus forte et s'est mieux vendue.

L'État fait de même, et la grande règle pour lui comme pour vous, est de calculer ses efforts à ses ressources et d'avoir l'argent au meilleur compte, afin de faire le plus possible avec la même dépense.

Ne vous préoccupez donc pas, père Morin, de ce que l'État va ajouter au capital d'une dette qu'il ne remboursera qu'autant qu'il y trouverait son avantage. Si par la conversion qu'il vous propose, il réussit, comme je n'en doute pas, à abaisser en France d'une manière permanente le loyer de l'argent, il trouvera son compte aussi bien que les rentiers à l'opération qu'il vous propose.

LE CULTIVATEUR.

Le petit homme d'affaires m'avait embrouillé tout cela, afin de m'entortiller comme mes deux voisins, mais vous me faites voir clair où je ne voyais goutte. Ainsi, il est bien vrai que je puis garder mes rentes quatre et demi telles qu'elles sont, sans m'occuper de rien.

LE NOTAIRE.

Oui, mais je ne vous en donne pas le conseil. La grande majorité des rentiers acceptera la conversion; et ceux qui ne le feront pas sont exposés à se voir atteints, au premier jour, par une conversion obligatoire qui leur enlèvera un neuvième de leur revenu.

LE CULTIVATEUR.

Est-ce que je ne pourrais pas faire comme mon beau-frère, qui a vendu sa rente pour acheter des obligations de chemins de fer? Il dit que c'est très-solide.

LE NOTAIRE.

Sans doute; pas autant cependant que les rentes sur l'État. Votre beau-frère fait en ce moment le faux calcul que vous avez fait quand vous avez pris du quatre et demi au lieu de prendre du trois. Il se laisse séduire par une petite supériorité de revenu, il s'y trouvera attrapé.

D'abord, pour peu qu'un certain nombre de personnes fassent comme lui et que les obligations montent, le revenu se trouvera nivelé avec celui qu'on pourra se faire en rentes. En outre, votre beau-frère ne touchera pas le revenu intégral, puisqu'on lui retiendra l'impôt dont les rentes sont exemptes. Il sera payé tous les six mois; avec des rentes, il l'aurait été tous les trois mois, et c'est quelque chose que d'avoir trois mois plus tôt la disposition de son argent et d'éviter ainsi des crédits et des escomptes. Pour toucher son revenu, il n'aurait eu qu'à aller à sa porte, chez le percepteur : il lui faudra envoyer à Paris ses titres ou au moins ses coupons, et faire revenir son argent. Croyez-vous que tous ces petits frais accumulés ne représentent pas une certaine réduction du revenu apparent?

LE CULTIVATEUR.

Oui, ce sont des frais et des embarras.

LE NOTAIRE.

Vous êtes tous deux des hommes d'ordre et de conduite. Je ne vous rappellerai donc pas que les rentes sur l'État sont insaisissables, et qu'on ne peut mettre arrêt ni sur le titre ni sur le revenu, tandis qu'on peut parfaitement saisir des obligations; mais je puis prévoir le cas où vous seriez obligé de faire un emprunt ou de vendre. Vous trouverez toujours à emprunter plus aisément et à de meilleures conditions sur des rentes que sur toute autre valeur; vous pouvez les constituer en dot à vos filles, et les transformer en quelque sorte en immeubles, ce qui est impossible avec une autre valeur que les fonds publics. Enfin, le jour où vous voulez vendre, il vous suffit de vous adresser au receveur : trois ou quatre jours après vous avez votre argent, et il ne vous en a coûté que le minimum du courtage.

Voulez-vous vendre des obligations? il faut s'adresser à un agent de change dans une de nos trois ou quatre grandes villes, et, à moins de se résigner à un sacrifice, on est exposé à attendre un acquéreur deux ou trois semaines, et quelquefois davantage; plusieurs de mes clients en ont fait l'expérience. Pesez tous ces avantages attachés à la rente, et dites-moi s'ils ne compensent pas une légère différence d'intérêts.

LE CULTIVATEUR.

Le parti le plus avantageux, à votre avis, c'est donc d'accepter les offres du gouvernement.

LE NOTAIRE.

C'est ce que je compte faire pour mon compte personnel; c'est ce que feront tous les pères de famille prudents et sensés. Pourquoi croyez-vous donc que le quatre et demi monte tous les jours, sinon parce que les gens habiles veulent avoir leur part du bénéfice que l'État assure aux rentiers, et que quelques-uns ont la maladresse de laisser échapper?

PARIS. — TYPOGRAPHIE HENRI PLON, RUE GARANCIÈRE, 8.

www.ingramcontent.com/pod-product-compliance
Ingram Content Group UK Ltd.
Pitfield, Milton Keynes, MK11 3LW, UK
UKHW020446220726
13923UKWH00005B/2362